BEI GRIN MACHT SICH IHR WISSEN BEZAHLT

- Wir veröffentlichen Ihre Hausarbeit, Bachelor- und Masterarbeit

- Ihr eigenes eBook und Buch - weltweit in allen wichtigen Shops

- Verdienen Sie an jedem Verkauf

Jetzt bei www.GRIN.com hochladen und kostenlos publizieren

Bibliografische Information der Deutschen Nationalbibliothek:

Die Deutsche Bibliothek verzeichnet diese Publikation in der Deutschen National-
bibliografie; detaillierte bibliografische Daten sind im Internet über http://dnb.d-
nb.de/ abrufbar.

Dieses Werk sowie alle darin enthaltenen einzelnen Beiträge und Abbildungen
sind urheberrechtlich geschützt. Jede Verwertung, die nicht ausdrücklich vom
Urheberrechtsschutz zugelassen ist, bedarf der vorherigen Zustimmung des Verla-
ges. Das gilt insbesondere für Vervielfältigungen, Bearbeitungen, Übersetzungen,
Mikroverfilmungen, Auswertungen durch Datenbanken und für die Einspeicherung
und Verarbeitung in elektronische Systeme. Alle Rechte, auch die des auszugsweisen
Nachdrucks, der fotomechanischen Wiedergabe (einschließlich Mikrokopie) sowie
der Auswertung durch Datenbanken oder ähnliche Einrichtungen, vorbehalten.

Impressum:

Copyright © 2016 GRIN Verlag, Open Publishing GmbH
Druck und Bindung: Books on Demand GmbH, Norderstedt Germany
ISBN: 9783668517929

Dieses Buch bei GRIN:

http://www.grin.com/de/e-book/373634/die-interaktion-zwischen-bodenorganismen-
und-pflanzenkohle-am-beispiel

Denise Lenders

Die Interaktion zwischen Bodenorganismen und Pflanzenkohle am Beispiel von Mykorrhiza und Regenwürmern

GRIN Verlag

GRIN - Your knowledge has value

Der GRIN Verlag publiziert seit 1998 wissenschaftliche Arbeiten von Studenten, Hochschullehrern und anderen Akademikern als eBook und gedrucktes Buch. Die Verlagswebsite www.grin.com ist die ideale Plattform zur Veröffentlichung von Hausarbeiten, Abschlussarbeiten, wissenschaftlichen Aufsätzen, Dissertationen und Fachbüchern.

Besuchen Sie uns im Internet:

http://www.grin.com/

http://www.facebook.com/grincom

http://www.twitter.com/grin_com

Martin-Luther-Universität Halle-Wittenberg Naturwissenschaftliche Fakultät III
Institut für Agrar- und Ernährungswissenschaften

Die Interaktion zwischen Bodenorganismen und Pflanzenkohle am Beispiel von Mykorrhiza und Regenwürmern

Bachelorarbeit im Fachbereich Bodenbiogeochemie Zur Erlangung des

akademischen Grades Bachelor of Science (B.Sc.)

Management natürlicher Ressourcen

Denise Andrea Lenders

Halle (Saale), den 20. September 2016

Meinen Buben.

I   Danksagung

„Die Leute sind auch dumm! In der Schule lernen sie eine Menge Plutimikationen,
aber was Lustiges ausdenken, das können sie nicht."

Pippi Langstrumpf

Diesen Teil der „lustigen" Arbeit möchte ich nutzen, um mich bei den Personen
recht herzlich zu bedanken, die bei der Erstellung dieser Arbeit mitgewirkt und
mich in verschiedenen Bereichen unterstützt haben.

Mein besonderer Dank gilt Herrn Prof. Dr. Bruno Glaser. Engagiert und voller
Tatendrang stand er an meiner Seite und begleitete mich durch mein gesamtes
Studium. Weiter bin ich froh ihn als Wegbegleiter gewählt zu haben, denn ohne
ihn wäre die Idee für das Thema dieser Arbeit nicht entstanden und die
konstruktive Kritik, sowie die Erstellung der Hypothesen wären nicht in dieser Form
entwickelt worden.

Einen zweiten herzlichen Danke möchte ich Herrn PD Dr. Mika Tarkka aussprechen.
Die aufgebrachte Zeit in Gesprächen, seine inspirierenden Denkanstöße, sein
Engagement mir sein Fachwissen mitzuteilen, um dies in die Arbeit einfließen zu
lassen, haben mich immer wieder positiv gefördert.

Des Weiteren gilt es, einen liebevollen Dank meinem Mann Daniel entgegen zu
bringen. Er musste nicht nur während der Bachelorarbeit, sondern auch in meiner
Studienzeit, die teilweise mit vielen Tränen und Wut gepflastert war, viel erdulden.
Vielen Dank für dein Verständnis, deine aufbauenden Worte und deine
Unterstützung.

Auch danke ich meiner Mamuschki, ohne die ich nicht da wäre, um diese Arbeit
schreiben zu können.

Zuletzt möchte ich mich bei all jenen bedanken, die auf ihre Art und Weise etwas
zu der Arbeit beigetragen haben, die ich jedoch nicht alle namentlich erwähnen
kann (sonst wäre die Danksagung länger als die Arbeit).

II   Inhaltsverzeichnis

III   Abbildungsverzeichnis

IV   Tabellenverzeichnis

V Zusammenfassung

Die rapide Zunahme von nährstoffarmen Böden hat sich zu einem gravierenden Problem unserer Zeit entwickelt. Konventionelle Düngemittel schaffen hier ausschließlich eine temporäre Lösung. Häufig folgt auf die regelmäßige Düngung eine Ansammlung von Schadstoffen. Durch diese sind nicht nur das Grundwasser, sondern auch die Bodenorganismen gefährdet sind. In Abwesenheit von Bodenorganismen können Nährstoffe nicht mehr umgesetzt werden. Folglich verarmt der Boden und wird unbrauchbar. Pflanzenkohle wird als Strategie zur Lösung des Problems angepriesen.

Ziel dieser Bachelorarbeit ist es, den Stand der Forschung zu Pflanzenkohle und deren Interaktion mit Bodenorganismen zusammenzufassen. Die Auswahl der Publikationen wurde wie folgt selektiert: Im Fokus stehen die arbuskuläre Mykorrhiza, sowie die Regenwürmer und deren Reaktionen auf die diversen Pflanzenkohlearten. Geachtet wurde insbesondere auf unterschiedliche Herstellungsverfahren der Pflanzenkohle und eine Vielfalt an Ausgangssubstanzen, um Ergebnisse möglichst repräsentativ darzustellen.

Zunächst befasse ich mich näher mit der Herstellung, der Verweildauer und den Auswirkungen von Pflanzenkohle auf den Boden. Übergreifend werden weiter in der Einleitung die Lebensräume der Mykorrhiza und dem des Regenwurmes definiert. Der zweite Teil befasst sich mit dem Stand der Forschung bzgl. der Interaktion zwischen Mykorrhiza und Pflanzenkohle und der Interaktion zwischen Regenwurm und Pflanzenkohle. Zum Schluss werden die Bedeutungen der Interaktionen analysiert und ein Ausblick gegeben.

Das Ergebnis der Literaturrecherche ergab, dass Pflanzenkohle einen durchaus positiven Einfluss auf Mykorrhiza und die Mykorrhizosphäre hat. Denn durch die erhöhte Verfügbarkeit von organischen Stoffen, gibt es einen Anstieg der Stoffwechselprodukte von Bakterien. Die Mykorrhiza erlangt somit einen Vorteil, wodurch sie ihr Wachstum der Pilzhypen steigern kann.

Regenwürmer werden nicht direkt durch Pflanzenkohle beeinflusst. Jedoch sind die durch die Pflanzenkohle positiven Auswirkungen auf den Boden bedeutend für die Regenwürmer. Die Gründe für die bevorzugte Abundanz der Regenwürmer könnten am vermehrten Nahrungsangebot oder der toxinreduzierenden Wirkung von Pflanzenkohle liegen. Doch kann man über die Gründe nur spekulieren, denn es besteht im Bereich der Regenwürmer noch viel Forschungsbedarf und oft werden in den Studien nicht alle Aspekte, sei es Herstellungstemperatur oder Zutatenzusammensetzung der Pflanzenkohle, bestimmt.

Perspektivisch sollte stärker untersucht werden, wie der hauptsätzlich positive Einfluss von Pflanzenkohle auf Mikroorganismen und Regenwürmer, zu einer verbesserten Ressourceneffizienz in nachhaltiger Landwirtschaft genutzt werden kann.

VI Abstract

The rapid increase of nutrient-poor soils has become a serious problem of our time. Conventional fertilizers only provide a temporary solution. The regular fertilization is often followed by an accumulation of pollutants and/or soil degradation. This is a risk for both groundwater and soil organisms. If soil organisms diminish, the nutrients cannot be properly turned over. To counteract this problem, soil must be improved. Recently, biochar has been proposed as a tool for soil improvement.

The aim of this thesis is a review of selected publications dealing with the state of kowledge on soil organisms and their interactions with active biochar. The selection of publications was based on the following factors:

i.   arbuscular mycorrhiza and

ii. earthworms and their reactions to the various types of biochar

iii. different manufacturing processes of biochar and feedstocks in order to obtain a comprehensive result.

The production, residence time and impact of biochar on the soil are introduced and mycorrhizal types and habitats are described, as well as the biology of earthworms.. The second part concerns the state of research in. Relation to biochar interactions with mycorrhiza and earthworms.. Finally, the impact of these interactions are summarized and an outlook is given.

The results show that biochar has a positive influence on mycorrhiza and mycorrhizosphere, the area with fungal mycelium which is responsible for nutrient uptake. Because of the increased availability of organic substances, an increase in metabolic products of carbon starved microorganisms has been described, with corresponding positive impact on the growth of fungal hyphae.

Earthworms are not directly affected by biochar. However, indirect positive effects of biochar on soil are important for earthworms, probably due to the increased food supply and toxin reducing effect of biochar.

Future work should target how the activation of soil microorganisms and positive influence on mycorrhizae and earthworms could be used to increase resource efficiency in sustainable agriculture.

1 Einleitung

1.1 Hintergrund

„In der Natur ist alles mit allem verbunden, alles durchkreuzt sich, alles wechselt
mit allem, alles verändert sich eines in das andere."

Gotthold Ephraim Lessing – Dichter der deutschen Aufklärung

Ein Teilbereich der Natur ist der Kreislauf des Bodens. Hier sind die
physikalischen, chemischen und biologischen Eigenschaften aufeinander aufbauend
und stehen in einer Abhängigkeit zueinander.

Ein Beispiel für dieses sensible System ist die Bodenversauerung. Natürliche
Faktoren der Versauerung sind das Ausgangsgestein, Zersetzung der organischen
Substanz und die Atmung der Pflanzenwurzeln. Überdies begünstigen anthropogene
Beeinflussungen wie Bewirtschaftungsfehler des Bodens mittels Überdüngung oder
eine zu geringe Pflugtiefe die Versauerung (LINGNER UND BORG, 2000).

Fällt der pH-Wert unter 5, werden viele Bodenorganismen in ihrer Aktivität
gehemmt. Betroffen sind vor allem die Bodentiere, welche feuchthäutig sind und in
direktem Kontakt mit der Bodenlösung stehen. Auch der Regenwurm bewegt sich
in diesen Räumlichkeiten. Fühlt er sich nicht mehr wohl, flüchtet er. Die Folgen
sind eine geringere Bodendurchlüftung sowie eine mangelnde
Wasserspeicherkapazität des Bodens (GRAEFE ET AL., 2002).

Wichtige Bodenfunktionen wie z.B. Nährstoff-, Wasser- und Luftspeicherung werden
durch die Bodenflora, unter anderem Bakterien, Pilze und Algen, sowie der
Bodenfauna, welche den Bereich der Bodentiere abdeckt, sichergestellt.

Durch Zersetzungs- und Umwandlungsprozesse der jeweiligen Bodenlebewesen
werden die nötigen Nährstoffe und Spurenelemente freigesetzt, welche für Tier-
und Pflanzenwelt essentiell sind.

Betrachtet man die Gesamtheit des Bodens, fällt auf, dass die organische
Substanz einen verhältnismäßig geringen Anteil ($<$ 10%) darstellt. Diesbezüglich
machen die Bodenlebewesen $<$ 10% der organischen Masse aus. Trotzdem enthält

1 kg gesunder Boden mehr Lebewesen, als es Menschen auf der Erde gibt (LERNORT BODEN, 2006). In Abbildung 1 wird veranschaulicht, wie die Anzahl der Bodenorganismen im Boden verteilt ist und wie viel Biomasse das ausmacht. Ausgegangen wird hier von einem Quadratmeter und 30 cm Tiefe.

	Individuenzahl		Biomasse (g)	
	Durchschnitt	Optimum	Durchschnitt	Optimum
„Mikroflora"				
Bakterien	1 Billion	1.000 Billionen	50	500
Strahlenpilze (*Aktinomyceten*)	10.000 Milliarden	10 Billionen	50	500
Pilze	1.000 Milliarden	1 Billion	100	1000
Algen	1 Million	10.000 Milliarden	1	15
Mikrofauna				
Geißeltierchen (*Flagellaten*)	0,5 Billionen	1 Billion		
Wurzelfüßer (*Rhizopoden*)	0,1 Billionen	0,5 Billionen	10	100
Wimperntierchen (*Ciliaten*)	1 Milliarde	100 Milliarde		
Mesofauna				
Rädertiere (*Rotatoria*)	25.000	600.000	0,01	0,3
Fadenwürmer (*Nematoden*)	1 Million	20 Millionen	1	20
Milben (*Acarinen*)	100.000	400.000	1	10
Springschwänze (*Collembolen*)	50.000	400.000	0,6	10
Makrofauna				
Enchytraeiden	10.000	200.000	2	26
Schnecken (*Gastropoda*)	50	1000	1	30
Spinnen (*Araneen*)	50	200	0,2	1
Asseln (*Isopoden*)	50	200	0,5	1,5
Doppelfüßer (*Diplopoden*)	150	500	4	8
Hundertfüßer (*Chilopoden*)	50	300	0,4	2
übrige Vielfüßer (*Myriopoden*)	100	2000	0,05	1
Käfer und - larven (*Coleopteren*)	100	600	1,5	20
Zweiflüglerlarven (*Dipteren*)	100	1000	1	10
übrige Insekten	150	15.000	1	15
Megafauna				
Regenwürmer (*Lumbriciden*)	80	800	40	400
Wirbeltiere (*Vertebraten*)	0,0001	0,1	0,1	10

Abbildung 1: Anzahl von Individuen und Biomasse der verschiedenen Bodenorganismen unter einer Bodenfläche von einem Quadratmeter (Zusammenstellung nach BRAUNS 1968, S.63 auf der grundlage von DUNGER 1964).

Durch Düngung kann man – lediglich temporär – den Boden mit Nährstoffen anreichern, welche dieser benötigt um fruchtbar zu bleiben. Dabei läuft man allerdings Gefahr, dass der Boden überdüngt wird und damit die Bodenfauna nachteilig verändert wird.

Trotzdem scheint es eine Möglichkeit zu geben, wie man „gesunden" nährstoffreichen Boden wiederherstellen kann, ohne Bodenfauna, Bodenflora oder Natur nachteilig zu schädigen. Das „Medikament" ist aktivierte Pflanzenkohle, welche in den Boden eingearbeitet wird. Man spricht von „aktivierter

Pflanzenkohle", wenn zum Rohstoff „reine Pflanzenkohle" zusätzlich noch Kompost beigemischt wird.

Ein beeindruckendes und nachhaltiges Bespiel für einen fruchtbaren und nachhaltig genutzten Boden ist die Terra Preta de Indio in den Tropischen Regenwäldern.

Der anthropogene Boden aus dem Amazonasbecken Terra Preta de Indio (Horitic Anthrosol) besteht aus einer Mischung von Pflanzenkohle, Stallmist, Fäkalien und Kompost (GLASER UND BIRK, 2012).

Mit diesem nachhaltigen Produkt ist der Grundstein für die Wiederherstellung der Fruchtbarkeit des Bodens gelegt. Die aktivierte Pflanzenkohle schafft den Grundbaustein für die Ansiedlung der für den gesunden Boden wichtigen und notwendigen Bodenorganismen.

Die Poren der Pflanzenkohle schaffen einen Lebensraum für viele Bakterien, Mist und Fäkalien sind Energie- und Nahrungslieferanten. Mit dem Abbau können im Boden wieder Nährstoffe nachgeliefert werden.

Ein bedeutender Unterschied zu künstlichen Düngern ist, dass die aktivierte Pflanzenkohle im Boden stabil ist und diesen auf lange Zeit nachhaltig verbessert. Sie beeinflusst positiv die chemischen und physikalischen Eigenschaften des Bodens. Der natürliche Lebensraum für die Bodenorganismen kann somit verbessert werden.

1.2 Intention der Arbeit

Ziel dieser Arbeit ist es, anhand einer Literaturrecherche zu untersuchen, wie aktivierte Pflanzenkohle nach Einarbeitung in den Boden dessen Eigenschaften verändert und welche Änderungen das Leben der Bodenorganismen diesbezüglich nach sich zieht. Der Fokus wird auf die arbuskuläre Mykorrhiza, sowie deren unmittelbaren Lebensraum, die Mykorrhizosphäre und auf Regenwürmer gelegt.

Hypothese 1:

- Die Abundanz von arbuskulärer Mykorrhiza wird durch die Einarbeitung von aktiver Pflanzenkohle erhöht.

Hypothese 2:

- Die Abundanz der Regenwürmer wird durch die Einarbeitung von aktiver Pflanzenkohle erhöht.

1.3 Pflanzenkohle.

1.3.1 Definition.

Der Begriff Pflanzenkohle ist heute verhältnismäßig neu, die Substanz dagegen ist „alt" (HUNT ET AL., 2010). Gegenwärtig wird Pflanzenkohle künstlich und gezielt herstellet zum Zweck der Bodenverbesserung. Ein Herstellungsverfahren ist die Pyrolyse, bei der Temperaturen < 700 °C erreicht werden. Unter eingeschränkter Zufuhr von Sauerstoff werden organische Materialen thermisch zersetzt. Das Endprodukt ist durch einen hohen Anteil an pyrogenem Kohlenstoff (Black Carbon) gekennzeichnet (LEHMANN UND JOSEPH, 2009).

Die Kohlenstoff-Konzentration liegt dabei in einem Bereich von 400 bis 800 g kg^{-1} (LEHMANN UND RONDON, 2006). Wesentliche Faktoren bei der Herstellung sind das Ausgangsmaterial, die Pyrolysebedingungen und die Pyrolysetemperatur. Beispielsweise kann eine Temperaturdifferenz physikalische Eigenschaften der Pflanzenkohle verändern (ZIMMERMAN ET AL., 2011).

MUKHERJEE UND LAL (2013) bemerkten eine temperaturabhängige Oberflächenbeeinflussung der Pflanzenkohle. Sie konnten erkennen, dass die größte Oberfläche bei ca. 400 m^2 g^{-1} liegt und mit einer Temperatur zwischen 650–850 °C zu erreichen ist. Temperaturen unter oder über diesem Bereich wiesen geringere Oberflächen, mit lediglich ca. 10 m^2 g^{-1}, auf.

Die entscheidenden Eigenschaften der Pflanzenkohle sind die Oberfläche und der Porendurchmesser und die daraus resultierende Mikroorganismenansammlung (CHINTALA ET AL., 2014).

Pflanzenkohle ist ein Mittel, um eine Verbesserung des Bodens zu erzielen, wie Bodenfruchtbarkeit und Förderung der Ökosystemfunktionen. Einen nützlichen Nebeneffekt erzielt die Pflanzenkohle zusätzlich, indem sie als Kohlenstoffsenke fungiert (LEHMANN ET AL., 2006; LEHMANN, 2007A).

Die Kohlenstoffsenke ist heutzutage, im „Zeitalter" der globalen Erwärmung, bedeutsam, denn sie stellt zusätzlich ein Reservoir für die dauerhafte oder zeitlich begrenzte Speicherung des Kohlenstoffes dar. Die größte und wichtigste Kohlenstoffsenke ist der Boden.

1.3.2　Beständigkeit von Pflanzenkohle im Boden

NEVES ET AL. (2003) bestimmten das Alter von Pflanzenkohle, in den Terra-Preta-Böden des Amazonas, auf 5000–7000 Jahre. Die Altersangabe wird mittels der Radiokohlenstoffverweildauer im Boden gemessen. Einzelne Kompartimente können davon weit abweichen (SCHEFFER/SCHACHTSCHABEL, 2002).

Gemeint sind die C-Verbindungen, die durch unvollständige Verbrennung entstehen und aufgrund ihrer polycyclischen aromatischen Struktur chemisch und mikrobiell stabil sind und deshalb Jahrhunderte in der Umwelt überstehen können (GLASER ET AL., 1998).

1.3.3　Beständigkeitsfaktoren

LEHMANN (2009) beschreibt eine signifikante Erhöhung der chemischen Rekalzitranz des Kohlenstoffes in Pflanzenkohle. Geschuldet wird diese Eigenschaft dem Pyrolyse-Prozess. Dabei verändert sich die Zusammensetzung der Biomasse durch die komplette Zerstörung von Cellulose und Lignin und der Bildung von aromatischen Strukturen.

Die unverwechselbare Struktur der Pflanzenkohle weist eine amorphe und turbostratische Strucktur auf. Das bedeutet, dass die chemischen Strukturen ungeordnet und dicht übereinanderliegen. Effektiv kann der mikrobielle Abbau als Resistenz bezeichnet werden (PARIS ET AL. 2005).

Weitere Schutzmechanismen der Pflanzenkohle gegenüber dem mikrobiellen Abbau bestehen in der Interaktion zwischen Pflanzenkohleoberfläche und organischer

Bodensubstanz und der Oberfläche von Mineralien. Bei Interaktionen mit Mineralen geht die teilweise negativ geladene Pflanzenkohleoberfläche mit positiv oder variabel geladenen Oxiden durch Liganden oder mit positiv geladenen Schichtsilikaten durch Kationenbrückenbildung Verbindungen ein (LEHMANN, 2009).

Ebenfalls spielt die Aggregatbildung des Bodens eine entscheidende Rolle für den Verbleib der Pflanzenkohle im Boden. Die Pflanzenkohlepartikel kommen vermehrt in Mikroaggregaten des Bodens vor und dienen somit dem Schutz vor Destruenten (LIANG ET AL., 2008).

Die Langzeitstabilität der Pflanzenkohle wird unter anderem auch durch die hohe Reaktivität mit den Mineralpartikeln im Boden gefördert (BRODOWSKI ET AL., 2006).

LIANG ET AL. (2008) schreibt dem Oxidationsprozess der Pflanzenkohleoberfläche eine hohe Bedeutung zu. Demnach gehen „alte" Pflanzenkohlepartikel mit einer höheren Verweildauer im Boden eher Interaktionen mit organischen Substanzen ein. Durch Oxidationsprozesse werden mehr negativ geladene funktionelle Gruppen gebildet. Anders ist es bei junger und frischer Pflanzenkohle, bei der die Oxidation noch nicht so weit voran geschritten ist. Diese veränderte Pflanzenkohleoberfläche und – struktur führen dazu, dass die hoch resistenten polyaromatischen Ringstrukturen zugänglich für den mikrobiellen Abbau sind (LEHMANN, 2009).

Eine schematische Übersicht der Faktoren, welche die Stabilität von Pflanzenkohle negativ oder positiv beeinflussen, wird in Abbildung 2 illustriert. Die Interaktionen mit Mineralien und organischer Bodensubstanz beginnen unmittelbar mit der Applikation der Pflanzenkohle und nehmen im Laufe der Zeit zu.

Der Hauptfaktor, welcher die Stabilität von Pflanzenkohle beeinträchtigt ist die Zersetzung durch Mikroorganismen und Destruenten. Deutlich ist in Abbildung 2 zu erkennen, dass die labilen Fraktionen der Pflanzenkohle, in einem Zeitraum von fünf Wochen bis fünf Monaten, bevorzugt zersetzt werden. Darauf folgt die Zersetzungsrate der stabilen Pflanzenkohlebestandteile (LEHMANN, 2009).

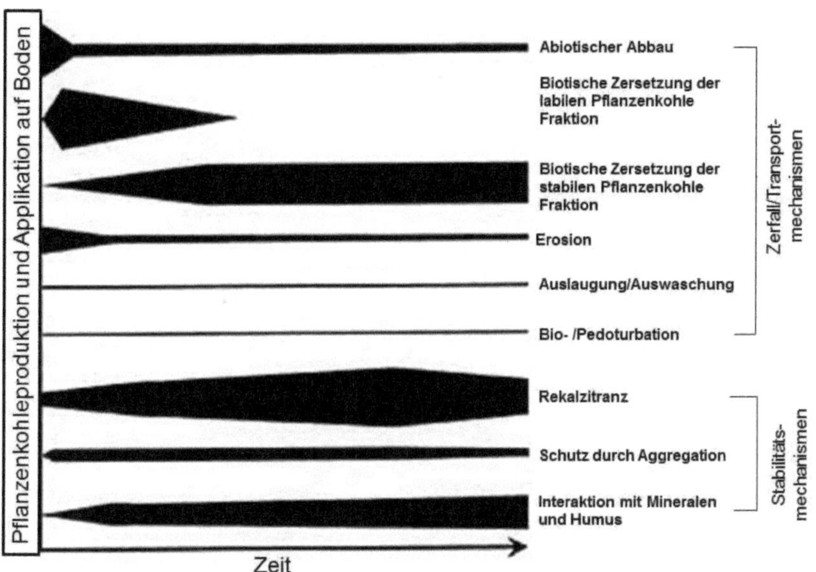

Abbildung 2: Schematische Übersicht über die Faktoren, die die Stabilität der Pflanzenkohle negativ oder positiv beeinflussen. Die Bedeutung des einzelnen Faktors mit fortlaufender Zeit ist durch die Dicke des jeweiligen Balkens gekennzeichnet. (verändert nach Lehmann, 2009 und übersetzt von M.Sc. Alicia Müller, 2013)

1.3.4 Auswirkungen von Pflanzenkohle im Boden

Pflanzenkohle lässt sich mit einem Schwamm im Boden vergleichen, welcher die Nährstoffe aus dem Bodenwasser absorbiert.

Diese Wirksamkeit wird durch die vergrößerte Oberfläche sichergestellt (MUKHERJEE ET AL., 2011; CHINTALA ET AL., 2014) sowie Porengrößenverteilung und Wasserhaltekapazität (LIANG ET AL., 2006). Dem geschuldet wird die Verfügbarkeit des Bodenwassers erhöht (GLASER ET AL., 2002). Überdies werden Bodenlebensgemeinschaften, beispielsweise die Mikrolora wie auch die Makrofauna, in ihrer Abundanz und Zusammensetzung stark beeinflusst (KIM ET AL., 2006).

VENTURA ET AL. (2013) hat bewiesen, dass durch die Pflanzenkohle die Makro-Nährstoffkreisläufe verbessert werden. Kongruent der mikrobiellen Veränderung im Boden, sei es Zusammensetzung, Aktivität oder Abundanz der Bodenorganismen, folgt eine Wirkung auf die Nährstoffkreisläufe, sowie auf eine Beeinflussung auf die Bodenstruktur (KUZYAKOV ET AL., 2009; LIANG ET AL., 2010). Nach WARNOCK ET AL. (2007), ergibt sich daraus ein indirekter Einfluss auf das Pflanzenwachstum.

In Bezug auf Abschnitt 1.3.3 gibt der Oxidationsprozess Aufschluss über das Alter der Pflanzenkohle und der höheren Interaktionen mit Nährstoffen. GLASER (2000) entdeckte, dass während der Oxidation Carboxylgruppen an den Rändern des polyaromatischen Gerüsts der Pflanzenkohle gebildet werden, wodurch das Nährstoffspeichervermögen erhöht wird.

Weiter beschreibt GLASER ET AL. (2001), dass die Pflanzenkohle in der Lage ist, hohe Nährstoffmengen zu speichern. In einem Ferralsol liegen die Stickstoffvorräte bei 8,5 t/ha und bei Phosphor 3,2 t/ha. Terra Preta besitzt mehr als das Zweifache an Stickstoff, also 17 t/ha und bei Phosphor ist es sogar Vierfach mehr, hier werden Werte bei 13 t/ha dokumentiert. Zustätzlich zeichnet sich die Schwarze Erde durch ihren dreimal höheren organischen Kohlenstoffanteil, welcher durchschnittlich bei 250 t/ha liegt, und den bis zu 70-mal höheren Pflanzenkohleanteil mit 50 t/ha, aus.

1.4 Mikroflora

1.4.1 Definition

Die Mikroflora umfasst Bakterien, Pilze und Algen.

WARCUP (1951) konstatierte schon sehr früh, dass die Bakterien und Pilze das Fundament der Bodenökosystemfunktionen sind. Die Organismen sind in jedem Boden unabdingbar und nehmen eine entscheidene Schlüsselrolle in landwirtschaftlichen Böden ein.

Zu deren Leistung gehören beispielsweise die Zersetzung von organischen Materialien, die Freisetzung und Umformung von Stoffen und Aggregatenbildung.

Die Rhizosphäre nimmt im Zusammenleben mit der Mikroflora eine besondere Stellung ein. Durch die gegenseitige positive Förderung erhöht sich kontemporär die Bakterienflora in der unmittelbaren Wurzelumgebung. Die dadurch enge Synergie zwischen den stickstofffixierenden Bakterien in den Wurzelknöllchen wird unter anderem positiv beeinflusst (UNIVERSAL-LEXIKON 2012).

Die Mikroflora wird auch als Immunsystem des terrestrischen Ökosystems gesehen. Als Inokulum werden die Pilze der Mykorrhiza in die Verantwortung gezogen, um Infektionen mit Fremdkeimen an Pflanzen zu verhindern (SCHWARTZ ET AL., 2006).

1.4.2 Mykorrhiza

Die Pilze gehören zu den ältesten und größten Lebewesen auf der Welt. Ihre Artenzahl wird weltweit auf über eine Million geschätzt, wovon ca. 70.000 Pilzarten bestimmt wurden (SCHÖN, 2005). Die Pilze bilden eine eigene Artengruppe, da sie weder Tieren noch Pflanzen zugeordnet werden können. Trotzdem gibt es einige parallelen, wie beispielweise ihre Ernährung. So müssen auch Pilze, wie die Menschen und Tiere, auf externe organische Nahrungsquellen zurückgreifen, um zu überleben.

MASCHNER (1992) gelang zu der Erkenntnis, dass der Mykorrhiza Pilz eine Symbiose, häufig eine mutualistische Bindung, mit einer höheren Pflanze eingeht. Die Mykorrhiza bildet sich in und an der Pflanzenwurzel.

Grundsätzlich werden die Mykorrhizapilze in vier unterschiedliche Typen definiert:

- Arbuskuläre Mykorrhiza: der am häufigsten vorkommende Typ. Die typische Vergesellschaftung zwischen dem Pilz und der Pflanze sind neben den krautartigen Gewächsen auch einige Bäume eingeschlossen (FIEDLER, 2001). Der Pilz verändert die Wurzel außerhalb morphologisch, mittels eines feinen und weit verzweigten extraradikalen Myzels. Die Hyphen dringen in die Wurzelzellen ein und bildet Arbuskel/Visikel aus (STRACK ET AL., 2001). Zuzuordnen ist der Mykobiont zu den Endomykorrhizen, da er sowohl interzellulär, als auch intrazellulär in den Wurzelzellen wächst (SCHWANTES 1996).

- Ektomykorrhiza: 90% der Waldbäume stehen in einer Wurzelsymbiose zueinander. Die Wurzel wird von einem Hyphengeflecht umhüllt. SCHULZE ET AL. (2002) schrieb der Ektomykorrzia nicht nur die Verwertung von anorganischen Stickstoffquellen zu, sondern auch die Aufnahme von Stickstoff aus organischen Quellen, in Form von Aminosäuren.

- Erikoide Mykorrhiza: spezialisiert auf nährstoffarme Böden. Die Pilze sind in der Lage, ein breites Nährstoffspektrum aus schwer abbaubaren organischen Substraten verfügbar zu machen (KAPPEN ET AL., 1998). Durch das Besiedeln der äußeren Wurzelzelle können sie bis zu 80% Wurzelbiomasse stellen (READ 1993). Weiter schreiben SMITH UND READ (1997), der Erokoide Mykorrhiza Ähnlichkeiten mit der Ekto -, sowie der arbuskulären Mykorrhiza, beim Besiedeln der Wurzel, zu.

- Orchideenmykorrhiza: geben meist mehr Nährstoffe an ihren Partner ab, als sie zurückbekommen. Hier dringen die Pilzhyphen in die Wurzelzelle ein. Im Gegensatz zu der arbuskulären Mykorrhiza ist der Mechanismus anders (KAPPEN ET AL., 1998).

Die Ausbreitung der Arbuskulären Mykorrhiza ist Standort -, sowie Pflanzenart abhängig. Höhere Mykorrhizierungsraten sind an nährstoffärmeren Böden oder in Böden mit Belastungen, wie Trockenheit oder Schadstoffbelastungen, vorzufinden.

Die Funktion dieser Lebensgemeinschaft gilt dem Nährstoffaustausch, wobei beide Partner gleich voneinander profitieren. Der Pilz erhält primär das Photosyntheseprodukt Kohlenhydrat (Zucker) und die Pflanze wird mit unterschiedlichen Nährstoffen wie stickstoff – und phosphorhaltigen Mineralien, sowie Wasser versorgt. Für die Bildung, Funktion und Aufrechterhaltung des Pilzes muss die Pflanze 10 – 30% ihrer Assimilate investieren (JAKOBSEN UND ROSENDAHL, 1990).

Im Gegenzug wird die Wurzelhaaroberfläche der Pflanze durch das Pilzmycel vergrößert. Dies gewährleistet eine größere Reichweite von mehr als 10 cm der Wurzeloberfläche (LI ET AL., 1991A), um Wasser aus den Bodenporen mit den enthaltenen Stoffen aufzunehmen. Dabei wird für die Pflanze das erfasste Bodenvolumen um ein vielfaches ausgedehnt (STRACK ET AL., 2001).

MARSCHNER UND DELL (1994) zeigten dass die arbuskuläre Mykorrhiza 80% pflanzlichen Phosphor, 25% pflanzlichen Stickstoff, 10% pflanzliches Kalium, 25 % pflanzliches Zink und 60% pflanzliches Kupfer freigesetzt hat.

Ein zusätzlicher positiver Nebeneffekt für die mykorrhizierte Pflanze ist eine größere Trockenstresstoleranz und die Widerstandsfähigkeit gegenüber Schädlingen (EGLI; BRUNNER, 2011).

Zu dem stellte COLGAN ET AL. (2002) fest, dass die Mykorrhizapilze einen zusätzlichen nützlichen Effekt auf den allgemeinen Schadstoffabbau förderlich mitwirken. 80% bis 90% der Landpflanzen gehen eine Symbiose mit dem Pilz ein (BUSCOT ET AL., 2000).

Abbildung 3 zeigt den Rotklee mit und ohne arbuskulärer Mykorrhiza. Deutliche zu erkennen ist eine Erhöhung im Wachstum und das frühe Blühen der Pflanze.

Abbildung 3: Rotklee links ohne AM-Pilze und rechts mit AM-Pilzen versetzt. (OEHL ET AL., 2011)

1.4.3 Mykorrhizosphäre

Nach HILTNER (1904) wird der Bereich in der Wurzel-Boden-Grenzschicht als Rhizosphäre, beeinflusst durch die Wurzeln, definiert. In dieser Zone ist eine erhöhte mikrobielle Biomasse, sowie Aktivität der Bodenorganismen und eine veränderte Struktur der Bodenmikrobengemeinschaften, anzutreffen.

Logisch ist es, den Begriff der Rhizosphäre durch den Begriff der Mykorrhizosphäre zu erweitern. Gestaltet wird der Bereich des Bodenhorizontes vor allem durch die Dynamik der mykorrhizierten Wurzel und dem Mykorrhizamycel (GARBAYE 1991). Rückblickend auf den vorherigen Teilabschnitt 1.4.2 gilt dies als sinnvoll, da die meisten Pflanzen mykorrhiziert sind.

Geschuldet der veränderten Wurzelfunktionen der Pflanze durch das Pilzmycel, etabliert sich eine unterschiedliche Mikroflora, als die der Rhizosphäre und dem wurzelfreien Boden (ANDRADE ET AL., 1997).

Die beachtliche Vielfalt an Organismen besitzt einen positiven Einfluss auf das Pflanzenwachstum. Beobachtungen von GARBAYE (1991) zeigen, dass es eine gegenseitige Förderung von arbuskulärer Mykorrhiza und Phosphor lösenden, sowie Stickstoff fixierenden Bakterien gibt.

Weiter kategorisiert er 5 Hauptgruppen in der Mykorrhizosphäre:

1. Saprohyten: Diese Bakterien leben von totem organischem Material, zugleich profitieren sie von den Exudaten der Symbiosepartner und leben nicht in Konkurrenz zueinander.

2. Spezialisierte Organismen oder Rizobakterien: Diese Gruppe lebt in einer Abhängigkeit von Exudaten, was sie selbst zu starken Konkurrenzpartner macht. Weiter tragen sie zur Aufrechterhaltung der Fruchtbarkeit bei und fixieren Stickstoff.

3. Wurzelpathogene: Dazu zählen viele Bakterien und Pilze, deren Lebenszyklus innerhalb, als auch außerhalb der Wurzel stattfindet. Der biotrophe Lebensstil schädigt das Wurzelgewebe und deren Funktionen.

4. Wurzelsymbionten: Haben einen ähnlichen Lebensstil wie die Wurzelpathogene. Der Unterschied ist, dass diese keine schädigende Wirkung auf die Wurzeln haben, sondern Pflanzenfördernde Substanzen, wie Wasser oder Stickstoff, zu Verfügung stellen.

5. Predatoren: Um den Nährstoffkreislauf schließen zu können bedarf es der letzten Gruppe, welche sich von anderen Mikroorganismen ernähren.

Unter diesen 5 Primärgruppen findet eine Interaktion innerhalb, als auch zwischen den einzelnen Gruppen statt und beeinflussen damit die Gesamtheit der Mykorrhizosphäre.

1.5 Makrofauna

1.5.1 Definition

DUNGER (1998) erklärt, dass die Lebewesen der Makrofauna, im Gegensatz zu der Mikroflora, mobiler sind. Was bedeutet, dass diese Individuen in der Lage sind, sich in größere Hohlräume des Bodens zu graben, als auch, sich dort zu bewegen.

Universell kann man sagen, dass die Anzahl der Individuen von der Körpergröße abhängig ist. D.h., dass mit abnehmender Körpergröße die Anzahl der Bodenorganismen einer Art stark zunehmen. Die Relation der Individuenanzahl verschiebt sich, wenn man die Biomasse einer Art in den Fokus stellt. Somit nehmen die Regenwürmer, mit ca. 40 bzw. maximal 400 g pro m² Bodenfläche, den Hauptteil der Fauna ein (VGL. BRAUNS 1968, S. 63).

COLEMAN und CROSSLEY (1996) stellten fest, dass der Einfluss der Makrofauna, in Bezug auf Prozesse des Nährstoffkreislaufes und der Bodenstruktur, signifikant ist. So werden Pflanzenreste fragmentiert und die mikrobielle Aktivität stimuliert. Die Struktur des Bodens wird durch die Bioturbation (mischen von Mineralen mit Humus und der Umverteilung von organischen Substanzen), den Poren und dem produzierten Kot beeinflusst.

Betrachtet man Abbildung 4 wird verdeutlicht, dass ungefähr 20% des Edaphons Bodentiere sind.

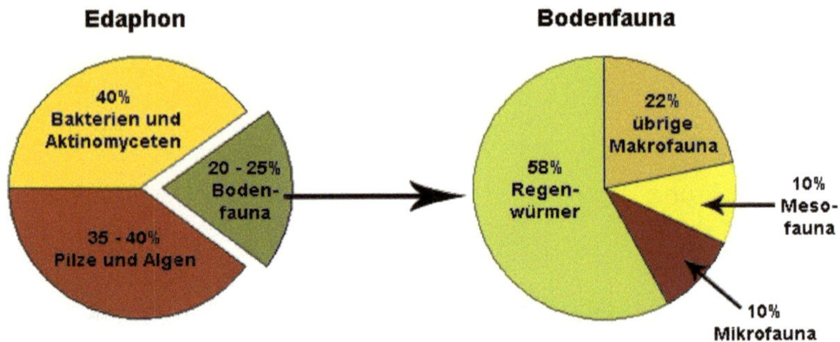

Abbildung 4: Mengenanteile der Bodenfauna am Edaphon und Gewichtsanteile der verschiedenen Bodentiergruppen (Abb. verändert nach DUNGER 1964, S. 10 und BRAUNS 1968, S. 61).

1.5.2 Regenwürmer

„Es darf bezweifelt werden,
dass sich noch viel mehr solcher Tiere, finden lassen,
die in der Weltgeschichte eine derart wichtige Rolle gespielt
haben wie diese einfach organisierten Lebewesen." (1881)
Charles Darwin – Naturwissenschaftler und Evolutionstheoretiker

Man kann Darwins Zitat eine Zustimmung entgegenbringen, denn der Regenwurm ist, so sagt man, immer der Gärtner oder der Ökosystem-Ingenieur. In Deutschland leben etwa 35 unterschiedliche Arten. Regenwürmer (Lumbricidae) können bis zu einer Größe von ca. 30 cm heranwachsen (LERNORT BODEN, 2006) und anhand der Literatur lassen sich drei Hauptgruppen beschreiben:

- Mineralschichtbewohner (Endogees): sie besitzen eine schwache Grabmuskulatur, bewegen sich den horizontalen Gängen im Boden und erhalten ihre Nährstoffe aus Tierausscheidungen und abgestorbenen Pflanzenmaterial.
- Vertikalbohrer (Aneciques): sie besitzen eine starke Grabmuskulatur, bewegen sich vertikal im Boden, wobei sie eine Öffnung an der Oberfläche hinterlassen und ihre Gänge bis zu 3 m erlangen können. Sie transportieren organisches Material in die unteren Bodenhorizonte.

- Streuschichtbewohner (Epigees): sie besitzen eine starke Muskulatur zur raschen Fortbewegung, leben in der Streuschicht ohne zu Graben und fressen Streuteile und die darin lebende Mikroflora (RÖMBKE, 1999).

Allgemein gehört zu den Nährmitteln eines Regenwurmes unter anderem abgestorbenes Pflanzenmaterial, bis zu 20 Blätter schafft ein Regenwurm in einer Nacht, kleine Bodenlebewesen (Mikroben), Tierkot und andere organische, sowie mineralische Bestandteile des Bodens. Die im Darm vermischten unverdauten organischen Stoffe, als auch anorganische Stoffe, sind nach der Ausscheidung förderlich für die Bildung von Ton-Humus-Komplexen. Ferner tragen die Ausscheidungen wesentlich zur Rückführung der Nährstoffe aus tiefergelegenen Bodenschichten in oberflächennahe Bereiche bei (LERNORT BODEN, 2006).

Tabelle 1 gibt einen Überblick über die Inhalte und Mengenangaben des Regenwurmkotes in Abhängigkeit von unterschiedlichen Bodentiefen.

Tabelle 1: Eigenschaften von Regenwurmkot in Böden unterschiedlicher Tiefe (BIERI UND CUENDET, 1989)

Eigenschaften	Regenwurmkot	Boden (0-15 cm)	Boden (20-40 cm)
Gesamt - Stickstoff(%)	0.4	0.3	0.1
Organischer Kohlenstoff (%)	5.2	3.2	1.1
C/N - Verhältnis	14.7	13.8	13.8
NO_3 - N (mg/l)	22.0	4.7	1.7
P_2O_5 (mg/l)	150.0	20.8	8.3
Austauschbares Ca (mg/l)	2793.0	1993.0	481.0
Austauschbares MG (mg/l)	492.0	162.0	69.0
Gesamt - Calcium (%)	1.2	0.9	0.9
Gesamt - Magnesium (%)	0.5	0.5	0.6
Kalium (mg/l)	358.0	32.0	27.0
pH – Wert	7.0	6.4	6.0
Feuchtigkeit (%)	31.4	27.4	21.1

Beim Passieren des Bodens in die Tiefe, wird ein umfangreiches Röhrensystem, teilweise von Tiefen zwischen 2 bis 8 Metern, angelegt. Ein konstruktiver Effekt ist die stetige Lockerung des Bodens und die erhöhte Sauerstoffzufuhr. Die entstanden lufthaltigen Gänge versorgen aerobe Bakterien mit genügend Sauerstoff und fördern zusätzlich die Zersetzung von Pflanzenteilen. Die dadurch entstandenen Makroporen tragen zu einer guten Belüftung und Bewässerung bei. Zugleich werden die Röhren von Pflanzenwurzeln genutzt (LERNORT BODEN, 2006).

1.6 Faktoren, die Abundanz und Aktivität von Bodenflora und -fauna beeinflussen

Die Abundanz von Bodenflora und - fauna wird zu einem auf regionaler Ebene vom Bodentyp und der Vegetation beeinflusst, zum anderen sind lokale Begebenheiten, wie Boden- und Vegetationseigenschaften, Nutzung, Nutzungsart und die Nutzungstechniken von Bedeutung.

Gleichwohl haben die biotischen Interaktionen zwischen der Makrofauna und der Mikroflora einen hohen Einfluss auf den allgemeinen Zustand des Bodens.

Die Wechselwirkung zwischen Fauna und Flora des Bodens ist bedeutsam für das Porenvolumen, die Aggregatstruktur und die Verteilung der Nährstoffe (SPEKTRUM, 2001).

Die Fähigkeit der Mikroflora, fast jedes organisches Material abzubauen, stellt einigen Regenwurmarten eine Hilfe bei ihrer Verdauung dar (TRIGO UND LAVELLE 1993). Die Mikroorganismen werden vom Regenwurm aufgenommen, um die Nahrung im Darm des Wurmes weiter zu verarbeiten. Die Ausscheidungen des Regenwurmes sind ein Gemisch aus leicht umsetzbaren, organischen und wasserlöslichen molekularen Bindungen (MARTÍN ET AL., 1987).

Bezugnehmend auf die Mykorrhiza und den Regenwurm fanden ZALLER UND ARONE (1997) heraus, dass die potentielle Partnern, einen jährlichen nährstoffreichen Auswurf von mehreren Tonnen produziert. Betrachtet man genauer die Wechselwirkung muss man feststellen, dass weder der Regenwurm, noch die Mykorrhiza einen potentiellen Einfluss auf den anderen hat (WURST ET AL., 2004). Die Verarbeitung des Bodens durch den Regenwurms, mittels Wühlen und Graben, kann zu einer Abnahme der Mykorrhiza führen. Da sich der Regenwurm selektiv von den Pilzhyphen ernährt (BONKOWSKI ET AL., 2000).

WURST ET AL. (2004) sehen bei den Partnern keine gute Zusammenarbeit, auch wenn diese sich nicht gegenseitig beeinträchtigen. Die beispielsweise Stickstoffverfügbarkeit, welche der Regenwurm bereitstellt, veranlasst die Mykorrhiza mit der Pflanze um den Stickstoff zu konkurrieren.

Der generelle Nährstoffkreislauf im Boden ist in Abbildung 5 graphisch dargestellt.

Abbildung 5: Allgemeiner mikrobieller Nährstoffkreislauf des Bodens (Quelle: eigene Abbildung)

2 Pflanzenkohle – Bodenbiota - Interaktionen

2.1 Mykorrhiza und Mykorrhizosphäre

Experimente zum Effekt von Pflanzenkohle auf Mykorrhiza deuten darauf hin, dass sich nach der Einarbeitung der aktiven Pflanzenkohle, simultan eine Veränderung in der Dynamik im mikrobiellen Bereich von der Mykorrhizosphäre ergibt (LEHMANN UND RONDON, 2006).

JOHSEPH ET AL. (2010) stellten fest, dass nur eine geringe Zeitspanne nach dem Einarbeiten der aktiven Pflanzenkohle in den Boden notwendig ist, um erhöhte Interaktionen zwischen den Bodenorganismen, der aktiven Pflanzenkohle und den Pflanzenwurzeln zu erkennen. Er beschreibt eine erhöhte Verfügbarkeit von löslichen organischen Stoffen, die in der Bodenlösung freigesetzt worden sind. Dadurch wird ein positiver Effekt auf die Keimung der Samen und das Wachstum der Pilze ausgeübt. Im Zuge dessen werden erhöhte Reaktionen in der Mykorrhizosphäre auftreten. Dazu zählen die Aufnahme von Nährstoffen, die Freisetzung von Exudaten und die mikrobielle Aktivität (BRODOWSKI ET AL., 2006).

Die Einarbeitung der Pflanzenkohle hat auch einen maßgeblichen Effekt auf die Bakterien in der Mykorrhizosphäre. Ausgelöst wird die veränderte bzw. erhöhte Aktivität durch ein ausreichendes Nährstoffangebot im Boden. Das Rhizobium oder auch Knöllchenbakterium, ist ein Bakterium welches athmosphärischen Stickstoff fixieren kann. Es ist in der Lage eine symbiotische Bindung mit der Pflanzenwurzel einzugehen (LERNORT BODEN, 2006).

Das verschafft der Mykorrhiza einen Vorteil, vor allem wird die arbuskuläre Mykorrhiza von den Bakterien mit dem sekretierenden Stoffwechselprodukt Flavonoid versorgt. Das Exudat erleichtert ein Wachstum der Pilzhyphen, weil es eine abwehrähnliche Funktion aufweist, so dass die Pilzhyphen immun gegen Toxine sind (HILDEBRANDT ET AL., 2002, 2006).

Geschuldet durch den erhöhten Stickstoffanteil gibt die Pflanze unter anderem vermehrt Raffinose, einen Dreifachzucker, und andere Metaboliten ab. Das Wachstum des feinen und weitverzweigten extraradikalen Myzels der arbuskulären

Mykorrhiza wird aus diesem Grunde direkt verbessert und kann ausgeweitet werden. Das Myzel dient der Wasseraufnahme und Aufnahme von mineralischen Nährstoffen (BONFANTE-FASOLO, 1984).

Die Tabelle 2 zeigt einen Anstieg der Mykorrhiza um 75% - 610% nach Zugabe von Pflanzenkohle. Dabei wurden Auswirkungen auf unterschiedliche Pflanzen erfasst.

Tabelle 2: Effekte von Pflanzenkohle (BC) auf arbuskuläre Mykorrhizapilze (AMF). Aufgelistet nach abnehmendem Effekt auf die Mykorrhiza-Population (verändert nach WARNOCK ET. AL., 2007)

Experiment Design	Menge von BC	Besiedlungsort	Mykorrhiza-Population	Mögliche Gründe für den Anstieg von AMF	Quelle
BC-Effekt auf die AMF RC von Citrus iyo in einem Obstgarten (Feldversuch)	BC: 800 g/m^3	Wurzel-besiedlung	+ 610 %	---	Ishii and Kadoya (1994)
Effekt von drei BC-Typen auf AMF (Glomus fasciculatum) in Flusssand (Gewächshausversuch)	BC: 2,0 %	Wurzel-besiedlung	+540% RH (BC aus Reisschalen) +88% C.J. (BC aus Zitrusfrüchten) +75% W.S. (BC aus Holz, Fichtenrinde)	Insgesamt bessere P-Verfügbarkeit für Pflanzen	Ishii and Kadoya (1994)
BC-Auswirkungen auf die AMF in Sojabohnenfeldern (Feldversuch)	BC: 1,500g m^{-2}	Wurzel-besiedlung	+300%	---	Saito (1990)
BC-Effekte auf AMF von Asparagus officinalis (Spargel) Wurzeln (Gewächshaus)	Nach Volumen BC: 10 % 30 %	Wurzel-besiedlung	10% = + 50% 30% = + 69%	Erhöhte Resistenz gegen Pathogene	Matsubara et al. (2002)
BC-Auswirkungen auf die Infektiosität von einheimischen AMF (Gewächshaus)		Wurzel-besiedlung	+42%		Yamato et al. (2006)
BC-Effekte auf N-fixierende und nicht N-fixierende Wurzeln (Gewächshaus)	90 kg	Wurzel-besiedlung	Nicht-fixierende: -20% Fixierende: + 16%		Rondon et al. (2007)

Betrachtet man den rein physikalischen Vorteil, welcher von der Pflanzenkohle dargelegt wird, stellt man fest, dass die Poren der Pflanzenkohle ein Zufluchtsort für Bakterien und Mykorrhiza sind. Deshalb kolonisieren Bakterien und Hyphen die Pflanzenkohlepartikel, um sich vor Bodenräubern zu schützen.

Die Abbildung 6 stellt eine Besiedelung des Pflanzenkohlepartikels durch Mykorrhiza dar, wobei die Pfeile auf die Hyphen der Mykorrhiza hinweisen.

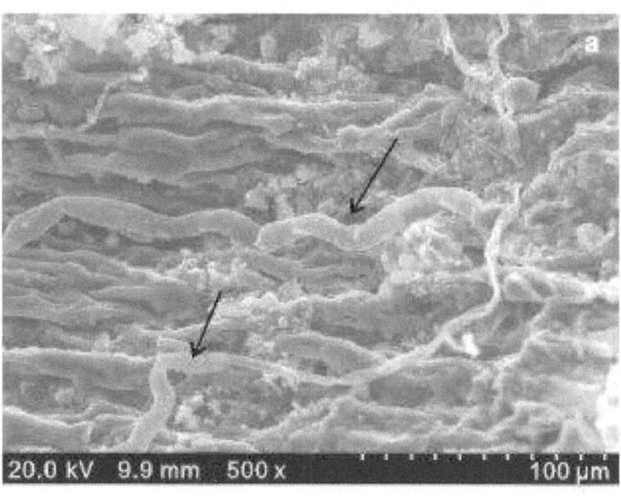

Abbildung 6: Mykorrhizakolonisierung am Pflanzenkohlerpartikel (BLACKWELL ET AL., 2015)

SAITO (1990) zeigt, dass die arbuskuläre Mykorrhiza, nicht nur die Pflanzenkohle leicht besiedeln kann, sondern auch andere poröse Materialen des Bodens.

2.2 Regenwürmer

Ebenso sind im Bereich der Regenwürmer vielzählige wie auch vielfältige Forschungsaktivitäten und Studien in den letzten Jahren entstanden, die sich der Thematik Regenwürmer und Pflanzenkohle widmen. Anhand von einigen ausgewählten Studien aus diesem Forschungsbereich, wird im Folgenden ein Überblick zum aktuellen Forschungsstand gegeben.

Um die Bodenqualität zu verbessern und die Abundanz der Regenwürmer zu fördern wird konventionell mit Gründung gearbeitet. Dieser lässt den Kohlenstoffgehalt schnell steigen, jedoch wird dieser genauso schnell wieder umgesetzt (DRINKWATER ET AL., 2007).

Viele Beweise sind über die Jahre gesammelt worden, die belegen, dass die Abundanz durch die konventionelle Düngung verbessert wird. Die Pflanzenkohle kann hingegen langfristig die Bodenfruchtbarkeit verbessern und erhöht den Kohlenstoffanteil, ohne die Gefahr durch Auswaschung (LEHMANN 2007).

Im Rahmen der Studien zu Regenwurminteraktionen und Pflanzenkohle, finden sich Ergebnisse, die eine große Differenz zu einander aufweisen. Eine Zusammenfassung aus der ausgewählten Literatur, gewährt einen Überblick, dargestellt in Tabelle 3.

Tabelle 3: Effekte von unterschiedlicher Pflanzenkohle auf diverse Regenwurmarten

Spezies	Genutzte BC (Herstellungstemperatur/ Zutaten)	Ergebnis	Quelle
L. terrestris	AgriChar/600°C/Laubholzstreu, CQuest/450°C/getrocknetes Laubholz, Pure Black/unbekannte Temp./gemischtes Laubholz, Soil Reef/600°C/ Laubholzstücke, CT Char/unbekannte Temp./gemischtes Laubholz	4% Mortalität, Gewichtsverlust, CQuest vermieden, CT Char bevorzugt, andere teilweise genutzt	ELMER ET. AL. (2014)
Eisenia fetida	525°C/Apfelbaumstücke	Regenwurmverlust (keine genaue Mortalität bestimmt), Regenwürmer aktiv im Substrat gewühlt, jedoch Gewichtsverlust, keine Aktivität in Geflügelstücken, Vermutung Toxine	LI ET AL. (2001)
Eisenia fetida	400°C/etwas Geflügelmist und Kiefernholzstücke	Regenwurmverlust (keine genaue Mortalität bestimmt), Regenwürmer aktiv im Substrat gewühlt, jedoch Gewichtsverlust, keine Aktivität in Geflügelstücken, Vermutung Toxine	LIESCH ET AL. (2010)
A. caliginosa	550-600°C/Fichtenholzstücke;	Vermeidung/Gewichtsverlust	TOMMEROG ET AL. (2014)
Pontoscolex corethrurus	Pflanzenkohle aus Brandrodung	Gewichtverlust, 1/10 Regenwurm starb, mehr Gänge im Boden ohne Pflanzenkohle	TOPOLIANTZ / PONGE (2003)

Betrachtet man die Tabelle 3 aufmerksam divergiert die Spezies der Regenwürmer. Es lässt sich erkennen, dass offensichtlich ausschließlich negative Effekte auf Regenwürmer, durch die Zugabe von Pflanzenkohle, auftreten. Trotz des wechselndes Ausgangsmaterial für die Herstellung der Pflanzenkohle und bei ähnlich bleibender Pyrolysetemperatur zwischen 400 °C und 600 °C.

LI ET AL. (2001) begründet die Meidung von Pflanzenkohle und den Gewichtsverlust der Regenwürmer damit, dass die Pflanzenkohle einen Nährstoffmangel auslöst, da die Nährstoffe fixiert werden. Auch ist die Pflanzenkohle nicht nahrhaft. Zudem wurde durch die Pflanzenkohle das Bodenwasserpotential verringert, so dass die Regenwürmer die Mischung gemieden haben.

Letztlich wird in der Tabelle ein Versuch von TOPOLIANTZ UND PONGE (2003) näher betrachtet. Leider werden keine detaillierten Informationen zu der Pyrolysetemperatur gegeben. Die verwendete Regenwurmart hat die Besonderheit, dass sie Areale bevorzugt, wo eine erhöhte Ansammlung von Holzkohle aus natürlichen, bzw. kontrollierten Bränden hervorgeht, anzutreffen ist. Eine Gefahr, bei übermäßiger Abundanz, geht von ihm aus, weil die Art als „Bodenverdichter" gilt. Da durch ihn Makroaggregate (> 1 cm) gebildet werden. Das durch die Regenwurmart produzierten Koaleszenzmittel, welches Wasser verdunsten lässt und so das Eindringen von Wasser verringert wird. Beobachtet wurde vereinzelt, dass Regenwürmer Fragmente von der Pflanzenkohle aufgenommen und in tiefere Bodenhorizonte transportiert haben.

Im Gegensatz dazu steht das Fazit aus dem Review von WEYERS UND SPOKAS (2011). Sie dokumentieren, dass viele Studien mit Fokus auf Pflanzenkohle und Regenwürmer lediglich entwickelt worden sind, um zu beweisen, dass Pflanzenkohle Toxizität im Boden vermeidet und daher keinen signifikanten Einfluss auf die Aktivität der Regenwürmer ausübt. Die Bindung von Toxinen spielt nur in dem Fall eine entscheidende Rolle, dass die Pflanzenkohle wichtige Toxine absorbiert, die das mikrobielle Wachstum beeinträchtigen. Durch diese Beseitigung kann das mikrobielle Wachstum wieder erhöht werden. In Folge dessen werden wiederum mehr Regenwürmer angelockt (TOPOLIANTZ UND PONGE, 2003, 2005).

Schon früh wurde erkannt, dass Calcium eine positive Wirkung auf die Aktivität hat (EDWARDS UND BOHLEN, 1996). So ist es nicht überraschend, dass der Regenwurm das Calcium der Pflanzenkohle bevorzugt.

Einige Studien dokumentieren sogar eine Aufnahme der Pflanzenkohle durch die Regenwürmer, welche sie in tiefere Regionen des Bodens graben. Der Transport der Pflanzenkohle erfolgt über den Darm, indem die Pflanzenkohleteilchen wieder ausgeschieden werden. Hinsichtlich der Aufnahme dieser Teilchen ist keine nennenswerte Verringerung der Lebensfähigkeit belegt (DOUBE ET AL., 1995; MENGE, 1999). ECKMEIER ET AL. (2007) bestätigte den vertikalen Transport der Pflanzenkohle in tiefer gelegene Horizonte.

In anderer Literatur steht, dass Regenwürmer den Pflanzenkohle-Boden dem unbearbeiteten Boden vorziehen, sei es wegen der Änderung der Bodenfeuchte (LI ET AL., 2011) oder die pH-Wert Änderung (VAN ZWIETEN ET AL., 2010).

3 Schlussfolgerungen und Ausblick

Hypothese 1, die besagt, dass die Pflanzenkohle einen Einfluss auf die Abundanz der Mykorrhiza hat, wurde bestätigt.

Fokussiert man die Wechselwirkung zwischen Phosphat und Mykorrhiza fällt auf, dass Phosphat von zentraler Bedeutung für Wechselwirkungen zwischen Pflanzen und arbuskulärer Mykorrhiza ist (SMITH UND READ, 2008).

Dadurch gibt es einen Anstieg in den Mykorrhizakolonisationen und durch die Symbiose zwischen Pflanze und Pilz, steht der Pflanze ein höherer Phosphatgehalt zur Verfügung.

Damit dieses positive Ereignis eintrifft, gilt es einiges zu beachten. STEINER ET AL. (2009) erkannte, dass die mikrobielle Diversität, ausgelöst durch die Pflanzenkohle, in Kombination mit Phosphat-Düngemitteln eine reduzierende Wirkung auf die Wechselwirkung von Pflanzenkohle und Mykorrhiza haben. In vielen Versuchen wurde eine reduzierende Wirkung der Pilzhyphen beschrieben.

Weiter hat die Auswertung diverser Studien gezeigt, dass das Herstellungsverfahren von Pflanzenkohle, speziell die Temperatur und die Ausgangsmaterialien, von entscheidender Bedeutung ist. Bei genauerer Betrachtungsweise fällt auf, dass, je geringer die Herstellungstemperatur ist, desto niedriger die Wachstumsrate. Denn erst bei hohen Temperaturen erlangt die Pflanzenkohle eine geringere Porengröße, die für die feindfreie Besiedelung ausschlaggebend ist.

Auffällig ist auch die Lücke der Studien, welche bei den Experimenten entsteht. Hier gilt es, zukünftig mehr über die Methoden und das Herstellungsverfahren von Pflanzenkohle, insbesondere hinsichtlich Temperatur und Zutatenbenennung, zu berichten. Notwendig wäre dabei vor allem langjährige Experimente, bei der die Pflanzenkohle mehr Zeit hat, richtig eingearbeitet zu sein, als auch von den Bodenorganismen angenommen und verarbeitet worden sein.

Hypothese 2, welche eine erhöhte Abundanz der Regenwürmer nach Einarbeitung der Pflanzenkohle beschreibt, wurde nicht bestätigt.

Betrachtet man die Wechselwirkung zwischen Regenwürmern und Pflanzenkohle, fällt auf, dass es zu keiner positiven Interaktion zu kommen scheint. Zurückschauend auf Tabelle 3, bei der verschiedene Studien zusammengefasst wurden, kristallisierte sich heraus, dass bei allen Regenwürmern ein Gewichtsverlust einsetzte. Die Gründe aus den Studien sind nicht einheitlich. So sagen LI ET AL. (2001) und TOPOLIANTZ UND PONGE (2003)., dass die Nährstofffixierung der Pflanzenkohle im Boden den Nährmangel der Regenwürmer hervorruft. ELMER ET AL. (2014) hingegen kann dies nicht bestätigen, er beobachtete dass ein ausreichendes Nahrungsangebot, durch beispielsweise Bodenbakterien, gewährleistet war und die Chance beststand, mit der Pflanzenkohle zu interagieren. So dass er den Gewichtsverlust, aus Mangel an Nahrung, ausschließen konnte.

Ungeachtet dessen gibt es Lösungsansätze, um diese Interaktion zwischen Pflanzenkohle und Regenwürmer zu verbessern. LIESCH ET AL. (2010) empfiehlt eine pH–Wert Erhöhung des Bodens, bevor die Pflanzenkohle eingearbeitet wird.

Trotz aller negativen Auswirkungen gab es in vereinzelten Studien, siehe Kapitel 2.2, Beobachtungen über die Aufnahme und den Transport von Pflanzenkohlepartikeln durch Regenwürmer. Auch schien die Aufnahme keine toxische Wirkung auf die Regenwürmer zu haben.

Schlussendlich zeigt keine der betrachteten Studien einen signifikanten positiven Effekt auf die Wachstumsrate oder die Überlebensrate der Regenwürmer. Genauso konnten keine einheitlichen Erklärungen für das Phänomen gefunden werden, so dass es hier einen großen Bedarf an Forschung zu geben scheint. Auch LEHMANN ET AL. (2011) sieht in der Gesamtbewertung zwischen der Interaktion von Pflanzenkohle und Fauna, sowie Flora eine große Wissenslücke.

Intensiver sollte die Auswirkung von Pflanzenkohle auf die biologische Gemeinschaften und deren Wechselwirkung zu einander erforscht werden.

4 Referenzen

Ajayi, A.E., Holthusen, D. and Horn, R. (2015): Changes in microstructural behaviour and hydraulic functions of biochar amended soils; Soil & Tillage Research 155 (2016), S. 166–175.

Andert, J. and Mumme, J. (2015): Impact of pyrolysis and hydrothermal biochar on gas-emitting activity of soil microorganisms and bacterial and archaeal community composition; Applied Soil Ecology 96 (2015), S. 225–239.

Bieri, M. und Cuendet, G. (1989): Die regenwürmer – eine wichtige Komponente von Ökosystemen; Schweizerische Landw. Forschung 28 (2), S. 81-96.

Blackwell, P., Joseph, S., Munroe, P., Anawar, H.M., Storer, P., Gilkes, R.J. and Solaiman, Z.M. (2015): Inuences of biochar and biochar-mineral complex on mycorrhizal colonisation and nutrition of wheat and sorghum; Pedosphere 25 (2015), S. 686–695.

Bonfante-Fasolo, P. (1984): Anatomy and morphology of VA mycorrhizae; Soil Biology and Biochemistry, Vol. 28, S. 1443-1449.

Bonkowski M., Griffiths B.S. and Ritz K. (2000): Food preferences of earthworms for soil fungi; Pedobiologia, 44, S. 666–676.

Bottinelli, N., Jouquet, P., Capowiez, Y., Podwojewski, P., Grimaldi, M. and Peng, X. (2014): Why is the influence of soil macrofauna on soil structure only considered by soil ecologists?; Soil & Tillage Research 146 (2015), S. 118–124.

Boyer, S. and Wratten, S.D. (2009): The potential of earthworms to restore ecosystem services after opencast mining –A Review; Basic and Applied Ecology 11 (2010), S. 196-203.

Brodowski, S., John, B., Flessa, H. and Amelung, W. (2006): Aggregate – occluded black carbon in soil; European Journal of Soil Science, Vol. 57, S. 539-546.

Castracani, C., Maienza, A., Grasso, D.A., Genesio, L., Malcevschi, A., Miglietta, F., Vaccari, F.P. and Mori, A. (2015): Biochar–macrofauna interplay: Searching for new bioindicators; Science of the Total Environment 536 (2015), S. 449–456.

Chan, K.Y. and Barchia, I. (2007): Soil compaction controls the abundance, biomass and distribution of earthworms in a single dairy farm in south-eastern Australia; Soil & Tillage Research 94 (2007), S. 75–82.

Cheng, C.H., Lehmann, J., Thies, J.E., Burton, S.D. and Engelhard, M.H., (2006): Oxidation of black carbon by biotic and abiotic processes; Organic Geochemistry 37, S. 1477-1488.

Chintala, R., Schumacher, T.E., Kumar, S., Malo, D.D., Rice, J.A., Bleakly, B., Chilom, G., Clay, D.E., Julson, J.L., Papiernik, S.K. and Rong Gu, R. (2014): Molecular characterization of biochars and their influence on microbiological properties of soil; Journal of Hazardous Materials 279 (2014), S. 244-256.

Coleman, D.C. and Crossley, D.A. (1996): Fundamentals of Soil Ecology; Academic Press, S. pp. 205.

Drinkwater, L.E. and Snapp, S.S. (2007): Nutrients in agroecosystems: rethinking the management paradigm; Advances in Agronomy, Vol. 92, pp. 163–186.

Dunger, W. und Fiedler, H.J. (1998): Methoden der Bodenbilogie; Journal of Plant Nutrition and Soil Science, Vol. 161.

Eckmeier, E., Gerlach, R., Skjemstad, J.O., Ehrmann, O., Schmidt, M.W.I., (2007): Minor changes in soil organic carbon and charcoal concentrations detected in a temperate deciduous forest a year after an experimental slash-and-burn; Biogeosciences 4, S. 377-383.

Edwards, C.A. and Bohlen, P. (1996): Biology of earthworms (3rd ed.). NewYork: Chapman&Hall..

Egli, S. und Brunner, I. (2011): Mykorrhiza – Eine faszinierende Lebensgemeinschaft im Wald; Eidg. Froschungsanstalt WSL Merkblatt Praxis 35 3. Auflage, S. 1-8.

Elmer, W.H., Latto, C.V. and Pignatello, J.J. (2014): Active removal of biochar by earthworms (Lumbricus terrestis); Pedobiologia 58 (2015), S. 1-6.

Frossard, E., Julien, P. Neyroud, J.-A. und Sinaj, S. (2004): Phosphor in Böden: BUWAL Nr. 368, S. 13 und S. 23.

Garbaye, J. (1991): Biological interactions in the mycorrhizosphere; Experientia 47 (1991), S. 370-374.

Geue, H. (2002): Molekularbiologische Untersuchungen zum Nachweis arbuskulärer Mykorrhizapilze bei Wildpflanzenpopulationen landwirtschaftlicher Nutzflächen; Dissertation, S. 1-6.

Glaser B, Haumaier L, Guggenberger G. and Zech, W. (1998): Black carbon in soils: the use of benzenecarboxylic acids as specificmarkers; Org Geochem 29, S. 811–819.

Glaser, B. and Birk, J.J. (2012): State of the scientific knowledge on properties and genesis of Anthropogenic Dark Earths in Central Amazonia (terra preta de Índio); Geochimica et Cosmochimica Acta 82 (2012), S. 39–51.

Glaser, B., Haumaier, L., Guggenberger, G. and Zech, W. (2001): The 'Terra Preta' phenomenon: a model for sustainable agriculture in the humid tropics; Naturwissenschaften 88 (2001), S. 37-41.

Glaser, B., Lehmann, J. and Zech, W. (2002): Ameliorating physical and chemical properties of highly weathered soils in the tropics with charoal – a review; Biol Fertil Soils 35 (2002), S. 219-230.

Graefe, U., Elsner, D.-C., Gehrmann, J. und Stempelmann, I. (2002): Schwellenwerte der Bodenversauerung für die Bodenbiozönose; Mitt. Dtsch. Bodenk. Ges. 98: 39-40.

Hildebrandt, U., Janetta, K. and Bothe, H. (2002): Towards growth of arbuscular mycorrhizal fungi independent of a plant host; Appl Environ Microb 68, S. 1919–1924.

Hildebrandt, U., Ouziad, F., Marner, F.-J. and Bothe, H. (2006): The bacterium Paenibacillus validus stimulates growth of the arbuscular mycorrhizal fungus Glomus intraradices up to the formation of fertile spores; FEMS Microbiol Lett 254, S. 258–267.

Hiltner, L. (1904): Über neuere Erfahrungen und Probleme auf dem Gebiete der Bodenbakteriologie unter besonderer Berücksichtigung der Gründüngung und Brache; Arbeiten der Deutschen Landwirtschafts-Gesellschaft H. 98, S. 59-78 (Definition des Begriffs Rhizosphäre auf S. 69).

Hunt, J., DuPonte, M., Dwinght, S. and Kawabata, A. (2010): The Basics of Biochar: A Natural Soil Amendment; College of Tropical Agriculture and Human Resources, S. 1-6.
Jakobsen, I. and Rosendahl, L. (1990): Carbon flow into soil and external hyphae from roots of mycorrhizal cucumber plant; New Phytologist Vol. 115, S. 77-83.

Kappen, L., Sattelmacher, B. Dittert, K. und Buscot, F. (1998): Symbiosen in ökosystemarer Hinsicht; Fränzle Et Al. (Hrsg.) (1996-2003): Kapitel IV-3.5.

Kim, J-S., Sparovek, G., Longo R.M., De Melo, W.J. and Corwley, D. (2006): Bacterial diversity of terra preta and pristine forest soil from the Western Amazon; Soil Biology & Biochemistry 39 (2007), S. 684-690.

Koide, R.T., Petprakob, K. and Peoples, M. (2011): Quantitative analysis of biochar in field soil; Soil Biology & Biochemistry 43 (2011), S. 1563-1568.

Kuzyakov, Y., Bogomolova, I. and Glaser, B. (2014): Biochar stability in soil: Decomposition during eight years and transformation as assessed by compound – specific 14C analysis; Soil Biology & Biochemistry 70 (2014), S. 229-236.

Kuzyakov, Y., Subbotina, I., Chen, H. Q., Bogomolova, I. and Xu, X. L. (2009): Black carbon decomposition and incorporation into soil microbial biomass estimated by C-14 labeling. Soil Biology & Biochemistry 41, S. 210-219.

Lehmann, J., (2007a): Bio-energy in the black; Frontiers in Ecology and the Environment 5, S. 381-387.

Lehmann, J., Gaunt, J., Rondon, M., (2006): Biochar sequestration in terrestrial ecosystems e a review; Mitigation and Adaptation Strategies for Global Change 11, S. 403-427.

Lehmann, J., Rillig, M.C., Thies, J., Masiello, C.A., Hockaday W.C. and Crowley, D. (2011): Biochar effects on soil biota – A review; Soil Biology & Biochemistry 43 (2011), S. 1812-1836.

Lehmann, J. and Joseph, S. (2009): Biochar for environmental management, Earthscan, London, S. 85-102, S. 169-198.

StMUGV (2006): Lernort Boden; Modul B; Der Boden als Lebensraum, S. 114-131.

Li, D., Hockaday W.C., Masiello, C.A. and Alvarez, P.J.J. (2011): Earthworm avoidance of biochar can be mitigated by wetting; Soil Biology & Biochemistry 43, S. 1732-1737.

Liang, B., Lehmann, J., Solomon, D., Sohi, S., Thies, J.E.; Skjemstad, J.O., Luiz*ao, F.J., Engelhard, M.H. Neves, E.G. and Wirick, S. (2008): Stability of biomass-derived black carbon in soils; Geochimica et Cosmochimica Acta 72 (2008), S. 6069–6078.

Liang, B., Lehmann, J., Sohi, S.P., Thies, J.E., O'Neill, B., Trujillo, L., Gaunt, J., Solomon, D., Grossman, J., Neves, E.G. and Luizão, F.J. (2010): Black carbon affects thecycling of non-black carbon in soil; Organic Geochemistry 41, S. 206-213.

Liesch, A.M., Weyers, S.L., Gaskin, J.W. and Das, K.C. (2010): Impact of two different biochars on earthworm growth and survival; Annals of Environmental Science 4, S. 1-9.

Lingner, St. and Borg E. (2000): Präventiver Bodenschutz. Problemdimensionen und normative Grundlagen; Graue Reihe Nr. 23, S. 1-46.

Lone, A.H., Najar, G.R., Ganie, M.A., Sofi, J.A. and Ali, T. (2015): Biochar für Sustainable Soil Health: A Review of Prospects and Concerns; Pedospherer 25, S. 639-653.

Marschner H. and Dell B. (1994): Nutrient uptake in mycorrhizal symbiosis; Plant Soil 159, S. 89–102.

Martín, A., Cortez, J., Barois, I. and Lavelle, P. (1987): Les mucus intestinaux de ver de terre, moteur de leurs interactions avec la microtlore. Revue d'Écologie et Biologie du Sol 24, S. 549-558.

Mukherjee, A. and Lal, R. (2013): Biochar Impacts on Soil Physical Properties and Greenhouse Gas Emissions; Argonomy 2013, 3 (2), S. 313-339.

Neves, E.G, Petersen, J.B., Bartone, R.N. and Augusto Da Silva, C. (2003): Historical and Socio-Cultural Orgins of Amazonian Dark Earths; S. 29-50.

Nzanza, B., Marais, D. and Soundy, P. (2012): Effect of arbuscular mycorrhizal fungal inoculation and biochar amendment on growth and Yield of tomato; International Journal of Agriculture & Biology S. 965-969.

Oehl, F., Jansa, J., Ineichen, K., Mäder, P. und Van der Heijden, M. (2011): Arbuskuläre Mykorrhizapilze als Bioindikatoren in Schweizer Landwirtschaft; Agrarforschung Schweiz 2 (7–8), S. 304-311.

Paris, O., Zollfrank, C. and Zickler, G. (2005): Decomposition and carbonisation of wood biopolymers - a microstructural study of softwood pyrolysis, Carbon 43, S. 53-66.

Preißler-Abou El Fadil, A., Maurer-Wohlatz, S. und Sagawe, R. (2014): Selber Humus aufbauen mit Kompostierung oder Terra Preta-Technik; BUND Kreisgruppen Region Hannover und Hameln-Pyrmont, S. 1-2.

Purakayastha, T.J., Das, K.C., Gaskin, J., Harris, K., Smith, J.L. and Kumari, S., (2015): Effect of pyrolysis temperatures on stability and priming effects of C3 and C4 biochars applied to two different soils; Soil & Tillage Research 155, S. 107–115.

Qiao, Y., Crowley D., Wang, K., Zhang, H. and Li, H. (2015): Effects of biochar and Arbuscular mycorrhizae on bioavailability of potentially toxic elements in an aged contaminated soil; Environmental Pollution 206 (2015), S. 636-643.

Read, D.J. (1993): Mycorrhiza in plant communities; Ingram&Williams, S. 1-31.

Römbke, J. (1999): Lumbricidae (Regenwürmer); S. 58-81.

Saito, M. (1990): Charcoal as a Micro-habitat for VA Mycorrhizal Fungi, and its Parctical Implication; Argiculture, Ecosystems and Enviornment, 29, S. 341-344.

Scheffer/Schachtschabel, P. (2002): Lehrbuch der Bodenkunde, 15. Auflage, Spektrum Akademischer Verlag, Heidelberg

Schmidt, A. (2010): Charakterisierung und Differenzierung der Mykorrhizen; Atelier Symbiota, S. 1-7.

Schön, G., (2005): Pilze: Lebewesen zwischen Pflanze und Tier; Verlag C.H.Beck oHG, München (2005), S. 15.

Schulze, E.D., Beck, E. und Müller-Hohenstein, K. (2002): Pflanzenökologie, Spektrum, Akademischer Verlag; Heidelberg, Berlin.

Schwantes, H.O. (1996): Biologie der Pilze: Eine Einführung in die angewandte Mykologie. Reihe: UTB für Wissenschaft, Uni-Taschenbücher, Bd. 1871; Ulmer Verlag, Stuttgart.

Smebye, A., Alling, V., Vogt, R.D., Gadmar, T.C., Mulder, J. Cornelissen, G. and Hale, S.E. (2015): Biochar amendment to soil changes dissolved organic matter content and composition; Chemosphere 142 (2016), S. 100-105.

Smith, S.E. and Read, D.J. (1997): Mycorrhizal Symbiosis. Academic Press, London.

Soito, M. (1989): Charcoal as a Micro-habitat for VA Mycorrhizal fungi and ist practical implication; Ecosystems and Environment 29 (1989) S. 341-344.

Solaiman, Z.M., Blackwell, P., Abbott, L.K. and Storer, P. (2010): Direct and residual effect of biochar application on mycorrhizal root colonisation, growth and nutrition of wheat; Australian Journal of Soil Research 48 (2010), S. 546-554.

Spektrum Akademischer Verlag, Heidelberg (1999): Kompaktlexikon der Biologie „Allelochemikalien":
http://www.spektrum.de/lexikon/biologie/allelochemikalien/2179 (Stand: 13. Juli 2016)

Spektrum Akademischer Verlag, Heidelberg (2001): Kompaktlexikon der Biologie „Bodenfauna":
http://www.spektrum.de/lexikon/geographie/bodenfauna/1118 (Stand 1. Mai 2016)

Spektrum Akademischer Verlag, Heidelberg (2001): Kompaktlexikon der Biologie „Regenwurm":   http://www.spektrum.de/lexikon/biologie-kompakt/regenwurm/9722 (Stand: 25. Mai 2016)

Spektrum Akademischer Verlag, Heidelberg (2001): Kompaktlexikon der Biologie „Bodenorganismen":   http://www.spektrum.de/lexikon/biologie-kompakt/bodenorganismen/1782 (Stand: 15. Mai 2016)

Strack, D., Fester, T., Hause; B. und Walter M.H. (2001): Eine unterirdische Lebensgemeinschaft Die arbuskuläre Mykorrhiza; Biologie in unserer Zeit Nr.5, S. 286-295.

Tammeorg, P., Parviainen, T., Nuutinen, V., Simojoki, A., Vaara, E.and Helenius, J. (2014): Effects of biochar on earthworms in arable soil: avoidance test andfield trial in boreal loamy sand; Agriculture, Ecosystems and Environment 191, S. 150–157.

Tang, J., Zhu, W., Kookana, R. and Katayama, A. (2013): Characteristics of biochar and its application in remediation of contaminated soil; Journal of Bioscience and Bioengineering
VOL. 116 No. 6, S. 653-659.

Tong, H., Hu, M., Li, F.B., Liu, C.S. and Chen, M.J. (2014): Biochar enhances the microbial and chemical transformation of pentachlorophenol in paddy soil; Soil Biology & Biochemistry 70, S. 142-150.

Topoliantz, S. and Ponge, J-F. (2003): Burrowing activity of the geophagous earthworm Pontoscolex corethrurus (Oligochaeta: Glossoscolecidae) in the presence of charcoal; Applied Soil Ecology 23, S. 267–271.

Topoliantz, S. and Ponge, J.F., (2005). Charcoal consumption and casting activity by Pontoscolex corethurus (Glossoscolecidae); Applied Soil Ecology 28, 217-224.

Trigo, 0. and Lavelle, P. (1993): Changes in respiration rate and sorne physicochemical properties of soil during gut transit through Allolobophora molleri (Lumbricidae, Oligochaeta); Biology and Fertility of Soils 15, S. 185-188.

UFZ – Thema, 2015: „Biodiversität und Boden" : https://www.ufz.de/index.php?de=36063 (Stand 07. Februar 2016).

Van Zwieten, L., Kimber, S. and Morris et al. S. (2010): Effects of biochar from slow pyrolysis of papermill waste on agronomic performance and soil fertility; Plant and Soil, Vol. 327, no. 1, pp. 235–246.

Warcup, J.H. (1951): The ecology of soil fungi; Trans. Brit. Mycol. Soc. 34, S. 376-399

Warnock, D.D., Lehmann, J., Kuyper; T.W. and Rillig, M.C. (2007): Mycorrhizal responses to biochar in soil – concepts and mechanisms; Plant Soil 300 (2007), S. 9-20.

Weyers, S.L. and Spokas, K.A. (2011): Impact of Biochar on earthworm Populations: A Review; Applied and Environmental Soil Science, S. 1-12.

Wiedner, K. and Glaser, B. (2013): Biochar and Soil Biota: Taylor & Francis Group, S. 71, 73-78.

Wurst, S., Dugassa-Gobena, D., Langel, R., Bonkowski, M. and Scheu, S. (2004): Combined effects of earthworms and vesicular–arbuscular mycorrhizas on plant and aphid performance; New Phytologist 163, S. 169-176.

Zaller J.G., Arnone J.A. (1997): Activity of surface-casting earthworms in a calcareous grassland under elevated atmospheric CO2; Oecologia, 111, S. 249–254.

Zimmerman, A., Gao, B., Ahn, M.Y., (2011): Positive and negative mineralization priming effects among a variety of biochar-amended soils; Soil Biology and Biochemistry 43, S. 1169-1179.

BEI GRIN MACHT SICH IHR WISSEN BEZAHLT

- Wir veröffentlichen Ihre Hausarbeit,
  Bachelor- und Masterarbeit

- Ihr eigenes eBook und Buch -
  weltweit in allen wichtigen Shops

- Verdienen Sie an jedem Verkauf

Jetzt bei www.GRIN.com hochladen
und kostenlos publizieren